溧阳市古树名木趣谈

溧阳市自然资源和规划局 编

黑松　　黄连木　　乌桕

侧柏　　三角枫　　紫薇

朴树　　蜡梅　　　银杏

白玉兰　榉树　　　金钱松

香橼　　榔榆　　　青冈栎

糙叶树　丝棉木　　青檀

银杏　　重阳木　　榉树

板栗　　石楠

青冈栎　麻栎

江苏凤凰美术出版社

图书在版编目（CIP）数据

溧阳市古树名木趣谈 / 溧阳市自然资源和规划局编.
-- 南京 : 江苏凤凰美术出版社, 2024.1
ISBN 978-7-5741-1453-1

Ⅰ. ①溧… Ⅱ. ①溧… Ⅲ. ①树木—介绍—溧阳
Ⅳ. ①S717.253.4

中国国家版本馆CIP数据核字（2023）第232854号

项目统筹　　陈文渊　　吕永泉
　　　　　　姜　耀　　程继贤
责任编辑　　孙剑博
责任校对　　唐　凡
责任监印　　唐　虎
责任设计编辑　　王左佐

书　　名　　溧阳市古树名木趣谈
编　　者　　溧阳市自然资源和规划局
出版发行　　江苏凤凰美术出版社（南京市湖南路1号　邮编210009）
制　　版　　南京新华丰制版有限公司
印　　刷　　盐城志坤印刷有限公司
开　　本　　889mm×1194mm　1/16
印　　张　　5.5
版　　次　　2024年1月第1版　2024年1月第1次印刷
标准书号　　ISBN 978-7-5741-1453-1
定　　价　　128.00元

营销部电话　　025-68155675　营销部地址　　南京市湖南路1号
江苏凤凰美术出版社图书凡印装错误可向承印厂调换

编委会

前　言

　　古树名木是中华民族悠久历史的见证和璀璨文化的载体，是绿色文物、活的化石，是自然界和前人留下的无价珍宝，具有极其重要的历史、文化、生态、科研价值。古树名木保存了弥足珍贵的物种资源，记录了大自然的历史变迁，传承了人类发展的历史文化，孕育了自然绝美的生态奇观，承载了广大人民群众的乡愁情思。党的十八大将生态文明建设放在了至关重要的位置，充分体现了以习近平同志为核心的党中央致力于生态文明建设的决心。加强古树名木保护是全面贯彻习近平生态文明思想、践行"绿水青山就是金山银山"理念的具体体现，在推进生态文明建设、保护自然与文化遗产、弘扬生态文化等方面具有重要意义。

　　古树名木是"活化石""活文物"；一棵古树，往往和一座庙观、一个村镇、一座城市的历史相联。它们是连接历史和未来的纽带。许多古树都与历史事件、传说故事、文化习俗等紧密相关，是人们了解历史和文化的重要途径。古树名木的生长与溧阳文化的发展同步，从一个侧面见证并记录着一个地区的发展历程，形成了独特的人文资源，具有不可估量的文化价值。

　　古树名木作为难得的自然景观和人文景观，已深深融入溧阳的城市发展中。保护和利用好古树名木景观，在城市建设、旅游景观开发中起到重要作用。例如溧阳深溪岕新农村建设以及景区开发，通过打造"一树一景""一树一公园"，围绕古树打造景观，让古树名木融入其中，形成特色景观，与古道、乡村自然地融为一体，成为乡愁记忆的重要符号。这不仅保护了古树名木，更改善了农村人居环境，促进了乡村旅游发展，实现了生态美、产业兴、百姓富。

为了更好地了解古树，现将查找到的我市古树名木故事资料趣闻整理汇编成册，故事素材来源有地方志、报纸、网络等。限于整理汇编时间仓促，且文字编写水平有限，疏漏和谬误在所难免，敬请多多包涵，同时欢迎广大读者不吝指正。

编者

2023 年 10 月

目 录

侯庙

（黑松、侧柏、朴树）

◆ 32048100013 黑松、017 侧柏、32048100018 侧柏、32048100069 朴树

史侯祠又称侯庙，是为纪念邑里史氏一世祖溧阳侯史崇而建，始建于东汉初年，距今已近两千年。史崇生于公元 4 年，《史氏宗谱》中记述他"素习军旅之事，佐光武（刘秀）中兴，平赤眉，降盆子，破王寻，除王莽，功绩甚伟，被封为溧阳侯，食邑万户"。光武中兴，天下安定，朝廷下诏令公侯都回到封地去。史崇到了溧阳县城固城（今高淳固城镇）后，"问百姓疾苦，治尚宽简，注重教化，发展农桑，兼顾渔猎"，对溧阳及其周边地区农业经济，乃至社会文明的发展，都起到了巨大的推动作用。

据《建康志》记载，东汉时溧阳的长荡湖面积阔大，今前马荡、南渡荡、大溪黄山湖、河口三塔荡、沙涨荡等地都是湖面、芦苇荡和湿地。当时湖上时有水匪渔霸作祟，沿岸百姓深受其害。为绝匪患肆虐，史崇多次率部进剿。七十九岁高龄时，他还亲自出马。公元 82 年五月五日夜里，风急浪高，史崇等人不得不停船湖边歇息。几个亡命之徒乘黑夜摸上了官船。史崇惊醒后毫不畏惧，英勇搏斗，终因年迈体衰，众寡悬殊，战落湖中。史崇战死后，四处打捞也没有找到遗体，只留下他的一块玉笏。噩耗传开，百姓悲痛欲绝，纷纷祭奠。史崇生前曾在一处水坝高地上说过，这里地处长荡湖南端，（hou 音后）山山麓，坐南朝北，居高临下，视野开阔，是块风水宝地。史崇的亲人根据他的这个意愿，就招魂将其安葬在长荡湖畔之埭（高地），也就是现在侯庙的所在地。衣冠冢内，随葬品中最珍贵

的就是史崇的那块玉笏。"文化大革命""破四旧"时，具有两千年历史的史崇坟墓被挖开，也只能见到那块玉笏。

汉光武痛失股肱，遂下诏书，封赠史崇为使持节徐、兖二州刺史，司空，谥号"壮"。史侯祠即按照当时朝廷规定的侯爵规格建造。后来由于历年祈雨灵验，宋封灵济公，元封灵济王并敕赐史侯祠为"显惠庙"，故史侯祠又称为"侯庙"，一直绵延至今。

史侯祠几度毁于天灾战乱，族人屡屡修复扩建，光绪二十五年第 15 次修建，占地 60 亩，殿堂百余间，成为江南第一大祠。抗战时期遭日寇毁坏，而后在遗址上办起了埭头中学。现今埭头中学的校门即是当年"侯庙"的庙门址，原址只剩下三间仪门空屋，一块残碑，四根"灵雨坊"石柱，一口"汲古泉"井的石栏圈。灵雨坊石柱上镌刻宋代大理学家朱熹所题的篆联一副"汉廷爵土分封远，宋室龙章锡号新"；仪门东北侧的汲古井，其字为海瑞所题。据称此井下雨不溢，大旱不枯。由于历史悠久，人文景观丰厚，也被溧阳市人民政府定为文物保护单位。

埭头中学（"侯庙"旧址内），现仅存古树四株，为一株黑松、两株侧柏、一株朴树。

埭头中学古树分布图

灵雨坊

碑

32048100013 黑松

017 侧柏

32048100018 侧柏

32048100069 朴树

千华寺

（侧柏、白玉兰、香橼）

◆ 32048100019 侧柏、32048100023 白玉兰、32048100086 香橼

龙潭林场崔岕工区为千华寺旧址，内有三株古树，为侧柏、白玉兰和香橼。

据清嘉庆《溧阳县志》记载，千华寺在县南三十里崔岕，顺治中，贯师智项建。清康熙五年（公元 1666 年），本县人彭旭撰写碑记。彭旭，字旦兮，二十岁左右考中秀才，明崇祯十五年考中举人，官至寿州学正，是管文教的主官。他与马世俊是诗文之友。他爱好购买搜求遗书，即使残编断简，都寻取修补完好。他有很高的声望，被乡人敬仰。

据彭旭碑记，清顺治十三年（公元 1656 年），他经过碧岭，凭高东望，但见岗峦层叠，林木茂密，觉得境地异常。他询问樵夫，知道那里有贯慈大师的千华寺。贯慈大师在明崇祯十五年大饥荒的时候，看见道路上到处躺有饥死的人，他亲自带了畚箕铁锹，掩埋尸骸。溧阳的官民都敬慕大师的德行。彭旭翻过高陡的山崖，穿过曲折的小路，向丛林深处走了三里多路，顿时豁然开朗，四面山岭好像屏风排列，千华寺坐落中间。松涛声声，涧水潺潺，竹林青翠，荷香阵阵，步步引人入胜。回望来路，都被众山遮断，仿佛进了桃花源，把世人都抛在山外了。他拜见了贯慈大师。

贯慈大师以前住在夏林的圆通庵。有一天，他心里忽然发誓：不问眼睛看到什么，脚走到哪里，随心一直向前走去，花一天的精力，那所到的地方，就是我安居入定的地方。他走到山谷口，已是日薄西山，树林寂静，不见人影，却隐隐听到吟诵佛经的声音。他顺着

声音找去，看见一位和尚，单身住在茅庵里。和尚见了他很惊讶：你与我在梦中所见的人几乎没有差别。次日清晨，当地人朱养明先生带了供佛的物品到来，朱先生说：我在昨夜梦见有高明的和尚来到这里，当为这里寺院的创始住持。现在我见到了，确实不是虚假的了。

于是，贯慈大师在这里搭盖茅庵，寒来暑往，居住静修。朱养明先生捐出在茅庵旁边的宅院作寺，清朝绿营副总兵甓溪马家村的玉楼公捐出俸金，购买茅庵旁边十多家的房地。其中有一户人家，勒索高价。有一天，一头猛虎冲进他家的屋里，咆哮发怒之声，震动山谷，一连七天七夜。这户人家害怕了，就搬迁走了。贯慈大师置备材料，聚集工匠，依山造殿，凿山开池，种竹栽树。顺治十一年（公元1654年）冬季，寺院建成了。忽然，结冰的水池里生出一枝红色莲花，花叶秀丽，香气浓郁，僧俗皆惊异。当时，溧阳县令林文辉得知后，就为刚刚落成的寺院题名"千华寺"。1662年，马世俊中了状元之后，为千华寺题写了"冰莲精舍"的匾额。千华寺逐渐兴旺，庙宇佛像庄严，清泉碧池掩映，异草奇花怒放，有寒冰赤莲祥瑞，有猛虎守护寺院，有神灵虚待降福。

崔岕的老人们还记得，千华寺山门朝西南，面对一山凹，有门楼，门楼正中供一阿弥大佛像，两侧排列罗汉像。从左右两侧门进入，是一天井，天井前左侧一棵香橼树，前右侧一棵香橼树，后左侧一棵核桃树，后右侧一棵核桃树。二进俗称大楼，是大殿，大殿左右建高阁，大殿正中，坐千手观音像，还有韦陀、罗汉。大殿两侧又有门进入天井，天井里有桂花树，也有奇花异草。三进是僧房，起课诵经，习练功夫。僧房北侧有一洞门，门前石块下坡铺路，直至一泓静水，名尚塘，俗称上塘。僧房后是俗称的土楼，说是早年和尚居住的茅庵。土楼后就是雷龙山，满山青葱，翠竹林立。在寺庙的南后侧，有主持修炼的禅房，禅房前有一棵白玉兰树。大殿里也供有朱家祖宗牌位。

千华寺，初一月半，大开山门，平常时日，只是上半天开山门，时辰一到，还不闭山门，雷龙山上就有白虎吼，吼声动地撼人。崔岕的老人说，千华寺是白虎地，凿开莲花池是镇虎，不让白虎离开。

崔岕还有很多传说，是一辈辈人口口相传的演绎。

传说有一位云游四方的和尚，看中了朱姓大户人家在崔岕的这方山境，于是和尚化缘来到戴埠的野猪墩，又寻到营墅的朱家主人。朱家主人施舍饭食，和尚说只要朱家施舍自己一袈裟土地，朱家主人欣然应承，和尚说口说无凭，立字为据，朱家主人又欣然应诺。于是朱家主人陪着和尚走进南山，和尚上了一座山头，撩起袈裟，抛向四周，顿时袈裟飞翔，覆盖南山，朱家主人愕然，和尚收聚袈裟，与朱家主人说，我只要这块山地以筑寺庙。这块山地在雷龙山西麓，是朱家祖地。有了地，筑寺庙要立山门石，于是和尚化缘来到罴溪马家村，看中了马一龙门前一对千斤重的麒麟倚门石。马一龙说，出家人你两只手能拿走就送给你。和尚默默然，左手拎起一块麒麟倚门石夹在腋窝里，右手拎起一块麒麟倚门石托举在空中，就轻手轻脚地走了。马一龙输了，不服气，就想弄耷糟践和尚。传说，马一龙把两个妹妹送到那个和尚的寺庙里，说是为寺庙洒扫庭除。和尚看出其中有诈，于是就在寺庙前的山脚下，造了两间地营子，马一龙的两个妹妹就居住在地营子里，也吃斋念佛，青灯黄卷，度过一生。传说这位和尚从寺庙到戴埠，只走两步半，一步走到水晶山，二步跨到大洪山，还有半步到戴埠。

传说崔岕是龙地，木鱼山是龙头，火石岗是龙的穴道，塔山是龙脊。半人半仙刘伯温辅佐朱元璋做皇帝，日望紫气，夜看星宿，得知这块龙地，就派人挖山凿断火龙岗，绝其龙脉，火龙岗变成了火石岗。木鱼山，原是千华寺主持僧诵经念佛时敲击的木鱼，塔山是主持僧圆寂的处所，撒网顶是和尚撒袈裟的那个山头，还有白虎岕、鲤鱼岭……

抗战爆发后，沪宁相继沦陷，地处苏皖边区的戴埠南山成为抗战的后方。1939年，国民党江苏省党部江南办事处和江南行署主办的《江南日报》社就迁到龙潭寺内，并有国民党第三战区第二游击区顾祝同、冷欣的部队驻守。1941年，驻戴埠的日寇攻入龙潭岕，放火烧了龙潭寺。而后，国民党江苏省党部江南办事处又迁到崔岕的千华寺内。当时，千华寺也有50余间寺庙建筑，古陈祖师死后，只有四五个和尚，还有庙产两千余亩。国民党江苏省党部负责人葛建时在这里还组建了一支30人的自卫队，到1943年，国民党的党政军机关才撤离千华寺。

崔岕的子子孙孙，曾以地有千华寺为傲为耀。崔岕的老人说，1953年，千华寺拆毁了，拆下的砖瓦木料，运到戴埠街上盖房屋，还是崔岕人用独轮车一车一车运下山的，当时只拿到几个脚步钱。

昔日兴盛的千华寺，如今只存些断垣残壁遗址了。山门没了，大殿没了，僧房没了，土楼也没了。幸运的是，那对充满传奇的千斤重麒麟倚门石还在，只是静静躺倒在杂树乱草丛中，撩拨开草树细细看，阳雕的麒麟头部也被敲掉了。知情人说彭旭记述的石碑被掩埋在庙基里，也不知断残与否。朱家也有一块石碑，也半埋在乱石碎砖里，碑面潮湿乌黑，字迹多磨灭，依稀可辨刻记山林田园情事。住持僧禅院的白玉兰还在，300多年了，年年开花，默默飘香。还有一棵香橼树，也300多年了，岁岁结果，沉沉甸甸。另有一棵核桃树，亦300多年了，可只剩树根桩了，树根桩也烂了，时而也生长些菌菇。左侧的柏树，也有300多年了。

千华寺山门前的莲花池，也多年没有寒冰赤莲了，只是山泉还是甘甜爽口，如今成了崔芥人的饮水源头。传说马一龙的两个妹妹居住的地营子，后人名之师姑墩，如今，师姑墩上已是翠竹修篁，春来嫩笋茁茁，夏去金银花开。

古树分布图

32048100019 侧柏

32048100023 白玉兰

申禁碑

（糙叶树）

◆ **32048100064 糙叶树**

原戴埠镇涧西村村口土岗上生长着三株古树，一株榉树和两株糙叶树，最大的一株糙叶树胸围达 3 米，树高 15 米，后因台风等自然灾害，现仅存一株糙叶树。

在村里有一块关于这株古树记载的石碑，碑文字迹十分清晰，碑文如下：

申禁碑记

我祖后峰公协同公禁

涧西坟山永不阡葬，青龙大椐树荫木四株

正官坟山上中下三截永不阡葬

重芥里下手大椐树、水杨树荫木两株。

乾隆贰拾四年季冬月

三村公立毂旦

这是一块记录了保护宗族风水习俗的"乡规民约"石碑，意思是：在涧西（青龙）、正官二处，不许阡葬；涧西、正官、重芥里为延绵的丘岗，涧西正官似龙首龙身，故相绝永不阡葬，以防地气破泄。有趣的是，乾隆二十四年（1759 年）涧西村现存的榉树、糙叶树已有记载，且列为协同公禁的保护对象，被称为风水地上的"荫木"，石碑记载涧西有四株大椐树荫木，上世纪八十年代平整土地修路时伐去一株，总数确为四株。椐树是山里人对榉树、糙叶树的统称，"椐"音 jū，村人音念作"朱"，实指一种多肿节的灵寿木。民间俚语把枫杨称作水杨树，反映了这块石碑系民间所立。石碑原立于村头古糙叶树下，"文化大革命"中破"四旧"时，该村王姓族人为保护这块先祖所立石碑，挖出藏于村中草丛中。

250多年来，由辈分高的长者所倡立的申禁碑，是很有权威的"乡规民约"，碑文申禁的地段没有墓葬，被称作"荫木"的公树，村民们也很敬畏，长期以来，没有毁树行为发生，确实对村中妇孺老少很有约束力。

古树位置图

申禁碑

32048100064 糙叶树

风水摇钱树

（银杏）

◆ **32048100004 银杏**

溧阳市戴埠镇同官村是一处古老的山村。村西南角，矗立着一株古银杏巨树，树高20米，胸围超4米，主干高达9米，冠幅达五六百平方米。其实此银杏树只是"树二代"，是在原先的那棵老银杏树旁长成的。那棵老银杏树什么朝代倒掉的，无人知晓，年长的村民只见过在树二代边上的巨大树桩。

这株古银杏原为山村朱姓祠堂前的风水树。朱氏系从江西迁徙而来，在铜官村定居后，逐渐发达，成为铜官村一大姓，现在朱氏后裔已传至四十多世，朱氏祠堂建祠至今已有800余年历史。因此，这株古银杏已寿达800余年。

这株古银杏枝叶繁茂，长势健旺，年年结果。据村民反映，年结果量最高时可采收种实千斤，当年银杏价高时收入达万元以上，群众又称这株古老的银杏树为"摇钱树"。

古树位置图

梅岭玉产地

（小梅岭古树群）

◆ 32048100008　银　杏、32048100030 板　栗、32048100031 青　冈　栎、32048100087 黄连木、32048100088 黄连木、32048100089 三角枫

　　北京故宫博物院和台北故宫博物院，都陈列有距今 4 到 5000 年的古玉琮，而且都标注有"产自江苏溧阳小梅岭"字样。由此可见，溧阳小梅岭出产"梅岭玉"。"梅岭玉"质地细腻，具有一定的透明度，颜色呈白至灰白色，或呈白至青绿色，主要以青玉为主，与新疆和田玉同属于透闪石类玉矿，摩氏硬度（H）为 5.5–6，比重（d）为 2.98。据权威考证，以出土包括玉璧、玉瑞、玉璜、玉等大量玉器而闻名的良渚文化，玉器的源头就是"梅岭玉"。目前江南地区仅发现小梅岭一处梅岭玉产地，认为其为良渚古玉的来源地，已被列为江苏省文物保护单位。

　　梅岭玉产地小梅岭村，现有古树 6 株，为一株青冈栎、一株银杏、一株三角枫、两株黄连木和一株板栗。

　　银杏位于小梅岭村东侧，是株雌雄连体的古银杏，粗可合围，高达 25 米，树龄在三百年以上。这株奇特的鸳鸯银杏，栽植时原为两株，因为株距近在咫尺，天长日久，树体膨大，逐渐连为一体，但连体痕迹，尚可分辨，上部树梢，仍双枝竞长，但中下部已连为一体。同树雄枝开花，雌枝结实，蔚为奇观。

　　自然界的树木连体现象，是嫁接技术的发端。对于雌雄异株的树木，雌雄连体现象，同

样启发了人们，通过嫁接异性枝条，克服雌雄异体的缺陷，使单性树木能自然正常开花、授粉、受精结实。梅岭村古银杏雌雄同体连生树，是具有观光价值的旅游资源。

青冈栎古树地处半山腰，曾遭雷劈，劈去了一大半树身，主干木质部 2/3 消亡，即使如此，仍然顽强生长。

三角枫则位于山泉一侧，主干已经全空，仍然罩在老百姓洗衣洗菜的井塘上，为人们遮风挡雨。

板栗虽然经历了几百年的沧桑，依然每年结出果实，见证了溧阳板栗生产的历史悠久。

小梅岭古树分布图

32048100008 银杏

32048100030 板栗

320481100031 青冈栎

32048100087 黄连木

32048100088 黄连木

32048100089 三角枫

枯木逢春

（蜡梅）

◆ 32048100025 蜡梅

　　位于古县街道唐家村。抗日战争期间，蜡梅主干被日军烧毁，日军投降后，枯木逢春，又复活了，且越长越壮，体现了中华民族不屈的民族精神。

古树位置图

32048100025 蜡梅

傻氏源头

（沙涨村古树群）

◆ 32048100053、32048100055 榉　树，32048100066、32048100067　糙叶　树，32048100072、32048100073、32048100074、32048100075、32048100076 朴树，117 榔榆，133、134 三角枫，135 丝棉木

　　沙涨村的历史可追溯到唐代。古老民族回纥族在唐朝时走出一位大英雄——瞰欲谷，他深得可汗信任，被任命为回纥宰相。在"安史之乱"时，回纥族受到朝廷召唤助国讨贼，瞰欲谷率领族内精兵强将征战沙场，支持唐军平定了安史之乱，受到唐王朝册封。到了元代，瞰欲谷的后代合剌普华成为广东道运粮官。1284 年，他率部至广东，在督运粮草途中遇到劫匪，他对部下说，"军饷重事，退缩误国，可呼？"便身先士卒率众突围，终于矢尽马创被俘。土匪欲请他落草为寇，占山为王，合剌普华拒不从，因而被杀，时年仅 39 岁。合剌普华死后，曾葬于山东。1318 年，合剌普华被追赠通议大夫、户部尚书，追封高昌郡侯。合剌普华有两个儿子，长子为广德太守。他在溧阳沙涨村购置土地，把父亲的墓从山东迁到溧阳。为了纪念祖居地漠北高原上的傻辇河，他以河名首字为姓，改自己的姓名为"傻文质"。如今，傻姓族人生息繁衍，一部分在溧阳沙涨村生活，世守祖茔，一部分走出沙涨村，走向全国乃至世界各地。据已知的线索，在云南、山东、安徽、江西乃至韩国等都有傻姓后裔。

　　傻姓诞生后，很快就迎来了"高光时刻"，傻文质的五个儿子和一个侄子陆续科考中了进士，朝廷专门在沙涨村立了一块"五桂坊"牌坊，用于表彰傻家"五子登科"。其中，

偰文质的儿子偰哲笃考上进士后，做过元朝的吏部尚书。到了明朝，偰哲笃的儿子偰斯历任户部尚书、吏部尚书、礼部尚书等职，也就有了"父子两尚书"的说法。偰斯的兄弟偰逊在高丽国担任高官，也由此将偰姓血脉散播至韩国。据史料统计，偰氏家族在历史上总共出过八进士、两尚书、七宰相。到了当代，沙涨村也走出去不少知名学者和企业家。

沙涨村古树群中现有榉树、糙叶树、朴树、榔榆、三角枫、丝棉木等古树近二十株，树形古朴优美，犹如盆景，映衬着沙涨村的悠久历史。

沙涨村古树分布图

3204810005З 榉树

3204810055 榉树

32048100066 糙叶树

32048100067 糙叶树

32048100067 糙叶树　32048100076 朴树

32048100076 朴树

32048100072 朴树

320481000073 朴树

32048100074 朴树

32048100074、32048100075 朴树

32048100075 朴树

117 榔榆

133 三角枫

134 三角枫

135 丝棉木

高静园
（重阳木）

◆ 32048100081 重阳木

　　高静园是一处古典园林建筑，位于江苏省溧阳市市区四面环水的小岛上。其整个布局，颇具苏州园林的特色。走进园门，迎面矗立着一块形如凤凰的太湖石，石面刻有"高静"两字。相传是宋高宗赐予右丞相、寓居溧阳的赵葵之物。园内最具历史意义的是建立于高墩上的太白楼。唐代诗仙李白（字太白），曾三到溧阳。天宝十五年（公元756年），李白与草圣张旭宴别于溧阳酒楼，作《猛虎行》。楼内有李白全身塑像，再现了这位大诗人临风把盏、慷慨悲歌的神采。

　　园内现有重阳木一株，约120年，胸围260厘米，高18米。

古树位置图

窑头村

（黄梦麟手植紫薇）

◆ 32048100098 石　楠、32048100104 麻　栎、32048100111 乌　柏、32048100115 紫薇、122 朴树

社渚镇窑头村不仅有优美的自然风景和良好的生态环境，更有着深厚的历史文化底蕴。漫步窑头村，随处可见老屋、老物件，土墓墩、岳家军寨遗址、古窑、古井、钟山庵等历史遗迹都是窑头村历史的见证，仿佛无声地诉说着这片古老土地的光辉历程。

社渚镇历来是军事重镇，相传南宋抗金名将韩世忠带领部下在此安营扎寨，在现在的窑头村四周建起了四十八座窑，而窑头村中央的陶窑是建造的第一座也是最大的一座，故称窑头。目前，该窑址虽然有些残损，但依然能看出昔日规模之大、窑火之旺。

村中现有紫薇、石楠、麻栎、乌柏、朴树古树各一株，其中，紫薇相传为黄梦麟亲手种植，村里人视为神树，村上的老人能够通过这个树开花的情况预测村落的流年运程。

黄梦麟，清学者、文学家。字砚芝，号匏斋，溧阳市社渚镇窑头村人，清康熙二十四年（1685）乙丑科陆肯堂榜进士第三人，康熙二十七年，以编修出任会试同考官，"分校礼闱，称为得士"，纂修《三朝国史》《大清一统志》。升詹事府左春坊、左中允。

窑头村原有两座黄家祠堂，一座大祠堂，一座小祠堂，其中小祠堂是五房祠堂，也就是黄梦麟那一房，祠堂内曾挂放康熙御笔的"探花及第"牌匾，在"文革"中被破坏，大小祠堂也被破坏殆尽，只有原大祠堂遗址的位置上还有一对上马石。

窑头村古树分布图

窑头村古窑窑址

32048100098 石楠

32048100104 麻栎、32048100111 乌桕

048100104 麻栎

32048100104 麻栎

32048100111 乌桕

32048100115 紫薇

天界寺

银杏

◆ 32048100096 银杏

　　传说明初靖难之后，建文帝朱允炆从南京的故宫经天王寺逃到溧阳 [了凵（hou 音后）] 山南麓，看见浩淼的长荡湖之滨有一座香火旺盛的天界寺，遂在此削发为僧。

　　朱棣称帝后，派人四处寻找建文帝的下落。两年之后，朱棣得到建文帝躲入天界寺为僧的密报，派兵包围天界寺，然后把天界寺里的和尚全部屠杀，只留下一个蓬头垢面的蒋姓义工。传说在屠杀的前一天，建文帝得知了消息，提前离开了天界寺，乘小船没入茫茫的长荡湖中，不知所踪。天界寺遭此劫难之后，蒋姓义工收拾和尚残骸，把天界寺里的所有法器投入古井。他填埋了古井，在天界寺的废墟之上建屋植树，后来娶妻生子，一代一代，繁衍开来。

古树位置图

32048100096 银杏

一脚跨两省

深溪岕古树群

◆ 32048100002、32048100003 银　杏，32048100039、32048100040、32048100041 青檀，32048100015、32048100016 金钱松，32048100032、32048100033 青冈栎

　　溪深岕村，始于南宋之时，地处南山腹地，群山环抱，一脚跨两省。村庄终年流淌着一条深深涧溪。村民把深溪比作青龙。村前有青龙头，村后有青龙潭。青龙头其溪河之底被溪水冲刷成平坦的石床，其河岸有三棵五百多年历史的青檀树与深溪相依相伴，由于树龄古老，树形奇特而驰名远近。三株古青檀呈"品"形分布。相对的二株，形态古朴奇特，枝杈开张，枝叶繁茂。西岸的一株，离地面50厘米处，分为双干，双木并长遮天盖地，荫覆溪涧，直至对岸，犹如一把巨伞。

　　青檀，因种子有翅，又名翼朴，能飞籽成林，是石灰岩山地的指示植物。在我国广为分布，以皖南山区为分布中心。青檀为特种经济林树种，纸中之王的宣纸，即是用青檀的枝皮经过沤泡、漂白、捶捣、水洗、帘捞、干燥除杂等工序加工而成。宣纸具有细薄、紧密、均匀、洁白、坚韧、耐久的特点，韧而能润，折而无伤，光而不滑，白而不俗，不蛀不腐，有"千年寿纸"的美誉，是我国"文房四宝"中的精品。青檀皮尚可用来制作人造棉，木材细密，种及叶可作饲料。

　　金钱松是宜溧山区珍贵的乡土树种，常散生在溧阳竹海林缘。在深溪东岸不远处的上虎

塘林缘，有两株树龄超 100 年的金钱松，胸围达 1.5 米，树高 20 米以上。这样高大粗壮的散生金钱松现已不多见。

金钱松树干挺拔，树姿秀美，枝条有长短枝之分，短枝上簇生的叶，放射形如金钱状，入秋后树叶金黄，如串串金钱，悬挂树梢，十分壮观。金钱松是我国特产的珍贵观赏树种，为世界四大观赏树种之一。

金钱松能飞籽成林，在林缘四旁散生着一些金钱松幼树，估计都是这两株巨树的后代。这些金钱松幼树，长势健旺，叶色深黛，表明这里十分适宜金钱松生长。

金钱松冬季落叶，是耐火树种。林地过火烧灼后，春季仍能发叶生长。因此，金钱松又可用作林区防火隔离带造林，其根皮入药，俗称"土槿皮"，能杀菌消炎。

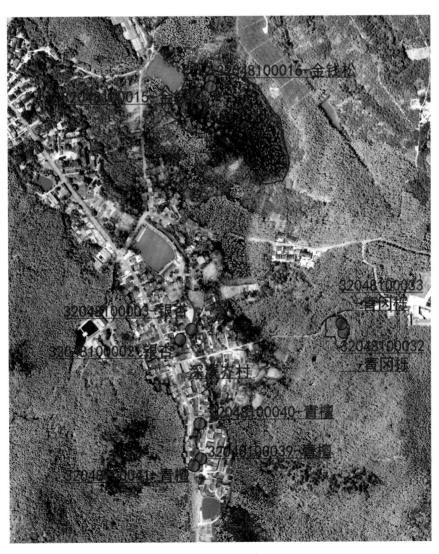

深溪芥古树分布图

32048100002 银杏

32048100003 银杏

63

32048100015 金钱松、32048100016 金钱松

32048100015 金钱松

32048100016 金钱松

32048100032 青冈栎、32048100033 青冈栎

32048100033 青冈栎

32048100039 青檀

32048100040 青檀

32048100041 青檀

双榉桥

榉树

◆ **136、137 榉树**

传说北宋时期，古徽州有一个才子叫蒋有道，生得一表人才，聪明伶俐，但是他屡次考求功名，总是名落孙山。一来二去，他自己心灰意冷，觉得难有出头之日，索性带着妻子登上了齐云山筑屋而居，每天观日出，赏花鸟，十分悠闲自在。

妻子实在不忍心看着丈夫这样平庸地度过一生，于是经常旁敲侧击，可惜蒋有道总是一笑置之。后来，蒋有道实在被妻子说得烦了，于是对她说："如果哪一天石头上能长出榉树来，我就发奋读书！"说者无心，听者有意，蒋有道随口赌咒，妻子却当了真，她寻来了榉树的种子，真的种在了石头上，每天辛勤地挑来泉水浇灌。也许是老天都被她的真诚感动了，榉树的种子真的在石块上生了根，发了芽。

蒋有道见了此景，也只能兑现当初的诺言，拾起诗书，刻苦攻读，然后挥别妻子，出山赶考。临行前，妻子特意把丈夫拉到树前，对他说："硬石头上种榉树，是'应试中举'的吉兆啊，郎君此行一定会成功归来。"

果然，蒋有道考得顺风顺水，一路过关斩将，最终殿试名列榜眼。考取功名之后，他将妻子接出齐云山，随他到任上做官。在妻子的陪伴与督促下，他一生清正廉明，果然造福四方。

年老离任之后，蒋有道特意带着妻子回到齐云山上，看到历经数十年的岁月，榉树与石头已经是互相融合，浑然一体，就像一对恩爱的夫妻，不由得感慨万千。后来，这个故事也就慢慢地流传开了，当地的年轻恋人们，从此纷纷来此处盟誓、许愿，徽州书院和附近的学子们，也把这里当成了祈祷许愿的灵地，考试前总要来此处祈福祭拜，并且大念一声"应试中举"，以此来向这棵榉树讨个好彩头。

从古至今关于榉树的故事不绝于耳，"硬石种榉"这一传说更是引来无数学子顶礼膜拜，后人将其称为"状元树"。

双榉桥位于戴埠镇杨家村油坊自然村，桥上种有两株榉树，至今已有数百年历史。古代实行科举制，乡试考中为中举，"榉"和"举"同音，因此而得名。据当地村民描述，古时此桥为官道，科考的书生都会特意经过此桥，求中举之意。久而久之，此桥便专为福地，流传至今。

双榉桥古树分布图

136 榉树、137 榉树

136 榉树

137 榉树

136 榉树

双榉桥

溧阳市古树名木汇总表

编号	名称			位置			龄级	
	中文名	拉丁名	科属	镇区	行政村	小地名	估测树龄	保护级别
32048100013	黑松	*Pinus thunbergii parl.*	松科松属	埭头镇	埭头中学	埭头中学操场南侧	300 年	二级
017	侧柏	*Platycladus orientalis (L.) Franco*	柏科侧柏属	埭头镇	埭头中学	埭头中学办公楼东侧	100 年	三级
32048100018	侧柏	*Platycladus orientalis (L.) Franco*	柏科侧柏属	埭头镇	埭头中学	埭头中学办公楼南侧	105 年	三级
32048100069	朴树	*Celtis sinensis Pers.*	榆科朴属	埭头镇	埭头中学	埭头中学餐厅前	115 年	三级
32048100019	侧柏	*Platycladus orientalis (L.) Franco*	柏科侧柏属	龙潭林场	龙潭林场	崔芥工区职工住房前（原千华寺）	205 年	三级
32048100023	白玉兰	*Magnolia denudata desr*	木兰科木兰属	龙潭林场	龙潭林场	崔芥工区职工住房前（原千华寺）	350 年	二级
32048100086	香橼	*Citrus medica L.*	芸香科柑橘属	龙潭林场	龙潭林场	崔芥工区职工住房前（原千华寺）	25 年	三级
32048100064	糙叶树	*Aphananthe aspera (Thunb.) Planch.*	榆科糙叶树属	戴埠镇	同官村	涧西村 8 号前	450 年	二级
32048100004	银杏	*Ginkgo biloba*	银杏科银杏属	戴埠镇	同官村	上村 25 号前	700 年	一级
32048100008	银杏	*Ginkgo biloba*	银杏科银杏属	天目湖镇	梅岭村	梅岭村 84 号屋前	350 年	二级
32048100030	板栗	*Castanea mollissima Blume*	壳斗科栗属	天目湖镇	梅岭村	梅岭村 69 号前	155 年	三级
32048100031	青冈栎	*Cyclobalanopsis glauca(Thunb.) Oerst.*	壳斗科青冈属	天目湖镇	梅岭村	梅岭村村后半山腰	350 年	二级
32048100087	黄连木	*Pistacia chinensis Bunge*	漆树科黄连木属	天目湖镇	梅岭村	梅岭村 35 号前（村前路边）	265 年	三级
32048100088	黄连木	*Pistacia chinensis Bunge*	漆树科黄连木属	天目湖镇	梅岭村	梅岭村 65 号东侧（村后）	255 年	三级
32048100089	三角枫	*Acer buergerianum Miq.*	槭树科槭属	天目湖镇	梅岭村	梅岭村 103 号（井塘边）	205 年	三级

编号	名称			位置			龄级	
	中文名	拉丁名	科属	镇区	行政村	小地名	估测树龄	保护级别
32048100025	蜡梅	*Chimonanthus praecox(linn.)* Link.	蜡梅科蜡梅属	古县街办	上阁楼村	唐家村 32 号东侧	135 年	三级
32048100053	榉树	*Zelkova serrata (Thunb.)*Makino	榆科榉属	昆仑街办	毛场村	沙涨村公共绿地东侧门前	105 年	三级
32048100055	榉树	*Zelkova serrata (Thunb.)*Makino	榆科榉属	昆仑街办	毛场村	沙涨村绿地南侧原会堂前	105 年	三级
32048100066	糙叶树	*Aphananthe aspera (Thunb.)* Planch.	榆科糙叶树属	昆仑街办	毛场村	沙涨村尚书墓东侧	115 年	三级
32048100067	糙叶树	*Aphananthe aspera (Thunb.)* Planch.	榆科糙叶树属	昆仑街办	毛场村	沙涨村尚书墓围墙外北侧	125 年	三级
32048100072	朴树	*Celtis sinensis* Pers.	榆科朴属	昆仑街办	毛场村	沙涨村尚书墓东侧	105 年	三级
32048100073	朴树	*Celtis sinensis* Pers.	榆科朴属	昆仑街办	毛场村	沙涨村尚书墓南侧	115 年	三级
32048100074	朴树	*Celtis sinensis* Pers.	榆科朴属	昆仑街办	毛场村	沙涨村尚书墓南侧二株相连内侧	125 年	三级
32048100075	朴树	*Celtis sinensis* Pers.	榆科朴属	昆仑街办	毛场村	沙涨村尚书墓南侧二株相连外侧	115 年	三级
32048100076	朴树	*Celtis sinensis* Pers.	榆科朴属	昆仑街办	毛场村	沙涨村尚书墓围墙外北侧	105 年	三级
117	榔榆	*Ulmus parvifolia* Jacq.	榆科榆属	昆仑街办	毛场村	沙涨村公共绿地北侧	110 年	三级
133	三角枫	*Acer buergerianum* Miq.	槭树科槭属	昆仑街办	毛场村	沙涨村傻斯墓地中间	200 年	三级
134	三角枫	*Acer buergerianum* Miq.	槭树科槭属	昆仑街办	毛场村	沙涨村傻斯墓地小路边	100 年	三级
135	丝棉木	*Euonymus maackii* Rupr.	卫矛科卫矛属	昆仑街办	毛场村	沙涨村傻斯墓地南侧围墙边	100 年	三级
32048100081	重阳木	*Bischofia polycarpa (Levl.)* Airy Shaw	大戟科重阳木属	溧城街办	市区	高静园内	125 年	三级
32048100098	石楠	*Photinia serrulata* Lindl	蔷薇科石楠属	社渚镇	宋村村	窑头村 14 号房屋前	105 年	三级
32048100104	麻栎	*Quercus acutissima* Carruth.	壳斗科栎属	社渚镇	宋村村	窑头村 46 号前路边	205 年	三级

编号	名称			位置			龄级	
	中文名	拉丁名	科属	镇区	行政村	小地名	估测树龄	保护级别
32048100111	乌桕	*Sapium sebiferum (L.) Roxb.*	大戟科乌桕属	社渚镇	宋村村	窑头村46号前路边外侧	155年	三级
32048100115	紫薇	*Lagerstroemia indica*	千屈菜科紫薇属	社渚镇	宋村村	窑头村村西塘边	125年	三级
122	朴树	*Celtis sinensis* Pers.	榆科朴属	社渚镇	宋村村	窑塘56号前山坡上	200年	三级
32048100096	银杏	*Ginkgo biloba*	银杏科银杏属	埭头镇	后六村	天界寺村34号房屋后	300年	二级
32048100002	银杏	*Ginkgo biloba*	银杏科银杏属	戴埠镇	横涧村	深溪岕村77号南侧	115年	三级
32048100003	银杏	*Ginkgo biloba*	银杏科银杏属	戴埠镇	横涧村	深溪岕村87号南侧（涧沟西侧）	125年	三级
32048100015	金钱松	*Pseudolarix amabilis*	松科金钱松属	龙潭林场	龙潭林场	深溪岕跃进塘向山上150米内侧	115年	三级
32048100016	金钱松	*Pseudolarix amabilis*	松科金钱松属	龙潭林场	龙潭林场	深溪岕跃进塘向山上150米外侧	125年	三级
32048100032	青冈栎	*Cyclobalanopsis glauca(Thunb.) Oerst.*	壳斗科青冈属	龙潭林场	龙潭林场	深溪岕古松园内上侧	105年	三级
32048100033	青冈栎	*Cyclobalanopsis glauca(Thunb.) Oerst.*	壳斗科青冈属	龙潭林场	龙潭林场	深溪岕古松园内下侧	100年	三级
32048100039	青檀	*Pteroceltis tatarinowii Maxim.*	榆科青檀属	戴埠镇	横涧村	深溪岕村41号南侧	500年	一级
32048100040	青檀	*Pteroceltis tatarinowii Maxim.*	榆科青檀属	戴埠镇	横涧村	深溪岕村56号南侧	500年	一级
32048100041	青檀	*Pteroceltis tatarinowii Maxim.*	榆科青檀属	戴埠镇	横涧村	深溪岕村125号侧（青龙桥边）	500年	一级
136	榉树	*Zelkova serrata (Thunb.)Makino*	榆科榉属	戴埠镇	戴南村	油坊村31号东（竹海连接线）双榉桥东侧	150年	三级
137	榉树	*Zelkova serrata (Thunb.)Makino*	榆科榉属	戴埠镇	戴南村	油坊村32号东（竹海连接线）双榉桥西侧	150年	三级